EXCURSION

DANS LA NIÈVRE.

VISITE A LA COMMUNAUTÉ DES JAULT.

LETTRE DE M. DUPIN A M. ÉTIENNE,

Pair de France, membre de l'Académie française.

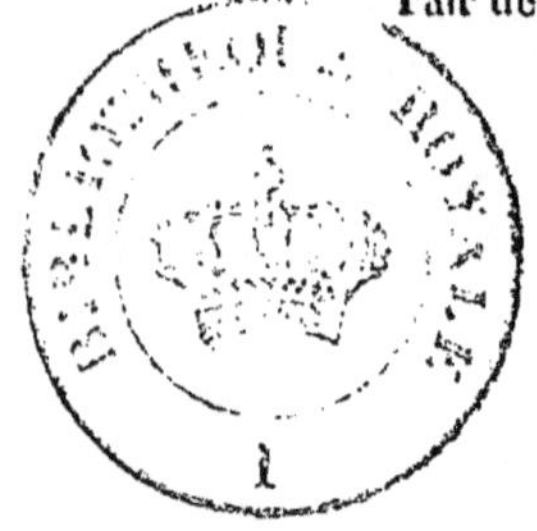

———⬦———

Raffigny en Morvan, le 22 septembre 1840.

Mon cher Etienne, je vous écris d'un lieu que vous avez charmé par votre présence, de Raffigny, dans ce Morvan un peu sauvage, et dont toutefois les aspects variés, les vertes prairies, les grands bois, les vives eaux ont eu le mérite de vous intéresser.

La Nièvre offre des sites bien plus remarquables encore! et j'ai le regret de n'avoir pu, pendant le temps hélas trop court que vous avez passé parmi nous, vous conduire aux cascades de Gouloux, au mont Beuvray, au-delà des sources de l'Yonne, et dans la riche vallée à laquelle cette rivière a donné son nom. Château-Chinon, la montagne Saint-Honoré, non loin de laquelle sont les ruines d'un grand établissement thermal fondé par les Romains; le pic de Montenoison, l'esplanade où fut jadis le château de Crux, vous auraient offert des points de vue, dont la richesse et l'étendue sont comparables à ceux qu'on va chercher bien loin, jusque de l'autre côté du Rhin!...

J'ai déjà visité presque tout le Morvan, sans négliger les hameaux les moins fréquentés. Cette année, je voulais achever ma ronde, et pousser jusqu'à nos limites vers le Charolais. J'avais à cœur de vérifier par moi-même où en sont nos routes de ce côté qui offrirait une ligne plus directe et *plus courte de quinze lieues au moins* de Paris à Lyon, en traversant la Nièvre par Clamecy, Corbigny, Moulins-Engilbert et Luzy. Je m'en suis assuré : il n'y a plus que *trois lieues en lacune;* au moyen de quoi tout serait terminé.

En voyageant, j'aime à rencontrer de grandes choses, mais je ne néglige pas les petites; elles suggèrent quelquefois les meilleures observations. Le caractère, les mœurs, les usages, le genre de vie des habitans, tout ce qui tient au bien-être du peuple, à la ville et dans les campagnes, sont partout d'une haute importance, et pour moi, visitant ma petite patrie au milieu de la grande, l'étude de tous ces détails avait un charme particulier.

En passant à Corbigny (lès Saint-Léonard) j'avais pris pour compagnon de voyage un de mes amis (M. Rabier), jadis bon notaire, aujourd'hui excellent juge de paix. Nous étions au 15 août; il faisait une chaleur extrême : nous partîmes de grand matin.

Après avoir revu la vieille église de Saint-Révérien, qui date du 8ᵉ siècle, et dans laquelle on a entrepris, *pour l'amour de l'art,* des travaux où l'art ne se fait guère remarquer, nous avons été visiter la *voie creuse*, sorte de précipice d'environ cent pieds de profondeur, sur un quart de lieue de long, dont le fond est occupé par un filet d'eau, qui plusieurs fois par an devient un véritable torrent.

En longeant les bords escarpés de ce ruisseau, qui bientôt reprend son cours à fleur de terre, nous sommes remontés jusqu'aux sources de l'Aron, concentrées dans des étangs étagés l'un au-dessus de l'autre, dans lesquels le partage des eaux est ménagé de telle manière qu'elles versent à volonté dans le bassin de la Loire ou dans celui de l'Yonne, et servent des deux côtés au flottage des bois, à l'aide d'un mécanisme ingénieux, simple toutefois, peu coûteux surtout, et digne en cela de servir de modèle ou de leçon à nos savans hommes des Ponts-et-Chaussées, qui font si bien, mais si chèrement!.. et si lentement!...

Après cette excursion par des sentiers peu commodes, nous fîmes une ascension sur la plate-forme où était le magnifique château de Damas-Crux, aujourd'hui complétement rasé, mais d'où l'on découvre une des vues les plus étendues et les plus pittoresques.

La chaleur était accablante, et nous nous hâtâmes de descendre à Saint-Saulge, ville célèbre dans la Nièvre, pays d'anecdotes, et patrie de l'avocat-général Marchangy ; nous y prîmes quelque repos.

Je savais que non loin de là, à deux lieues dans les terres, dans une commune appelée Saint-Benin-des-Bois, existait encore, malgré nos cinquante années de révolution dans les mœurs et dans les lois, une de ces *anciennes communautés* si usitées en Nivernais parmi les familles de laboureurs.

La multiplicité de ces associations avait sa cause dans une disposition de la *coutume de Nivernais* qui, bien qu'elle n'admît pas la maxime insultante, *nulle terre sans Seigneur* (1), admettait cependant des *mainmortes et des servitudes* contractuelles pour certaines personnes et pour certains biens.

Ainsi, lorsqu'un seigneur féodal concédait des terrés à une famille de laboureurs pour les tenir en Bordelage (2), genre de tenure consacré par la coutume, c'était à la condition que ces terres, quelques améliorations qu'y eussent faites les détenteurs, feraient retour à la seigneurie à la mort du concessionnaire, s'il ne laissait pas d'hoirs (parens) *vivans en communauté* sur la dite terre. (3)

Cette condition, de la part du Seigneur, était un moyen de mieux *attacher les serfs à sa glèbe;* — et la vie commune de toute

---

(1) La coutume de Nivernais était du nombre des coutumes dites *allodiales* ou de *franc-alleu.* La *franchise,* comme droit commun et comme principe, est proclamée au chapitre 7, dont l'art. 1er est ainsi conçu : « Tous héritages » sont censez et présumez francs et allodiaux, qui ne montre du contraire. »

(2) Guy Coquille, 52e *question sur les coutumes,* définit ainsi les bordelages : « BORDELAGE est dit de *borde* qui, en ancien langage françois, signifie un » domaine ou ténement ès champs, que les Latins disent *fundus :* et le mot » *borde* originairement est diction tudesque et germaine, qui signifie une » terre ou domaine chargé de revenus de fruits. Aussi, d'ancienneté, bordelage » se disoit quand aucun seigneur avoit un domaine ès champs, et il le bailloit » à un laboureur pour lui et les siens, à la charge d'en payer tous les ans une » certaine prestation de redevance qui, à cette raison, a été appelée *bordelage.* » Aussi voyons-nous qu'en la coutume, chapitre *des bordelages,* art. 3, il est » dit que telle redevance consiste en trois choses : deniers, grains et plume, » c'est-à-dire poule ou oie, ou des trois lés deux ; qui montre que telle redevance se paie à cause du ménagement qui se fait ès champs, à labourer et » semer terre, et à nourriture de volailles. »

(3) Chap. 8, art. 7, *des servitudes personnelles, mainmortes,* etc.

la famille devenait une nécessité, une sorte d'assurance mutuelle, pour la préserver de la réversibilité en cas de déshérence attachée au défaut de *communs parsonniers* (1).

Ces communautés s'appelaient aussi *communautés taisibles*, parce qu'elles n'avaient pas besoin d'être contractées par écrit, et qu'elles résultaient du seul fait d'une cohabitation en commun, *pendant an et jour*, des membres d'une même famille, vivant *au même pot, sel et chanteau de pain* (2).

Ces préliminaires sont indispensables pour vous donner une juste idée de la communauté dont je vais vous parler; mais auparavant je veux mettre sous vos yeux la description que nous donne de ces associations le savant commentateur de notre coutume, Guy Coquille, dans un passage dont le caractère historique et la naïveté digne de Montaigne ou d'Amyot, peuvent intéresser ceux-là même qui ne sont point jurisconsultes.

« Selon l'ancien établissement du ménage des champs, en ce
« pays de Nivernois, lequel ménage des champs est le vrai siège
« et origine des bordelages (3), plusieurs personnes doivent être
« assemblées en une famille pour demener ce ménage, qui est
« fort laborieux, et consiste en plusieurs fonctions en ce pays,
« qui de soi est de culture malaisée : les uns servans pour la-
« bourer et pour toucher les bœufs, animaux tardifs, et com-
« munément faut que les charrues soient tirées de six bœufs;
« les autres pour mener les vaches et les jumens en champ, les
« autres pour mener les brebis et moutons, les autres pour con-
« duire les porcs. Ces familles ainsi composées de plusieurs
« personnes, qui toutes sont employées chacune selon son âge,
« sexe et moyens, sont régies par un seul, qui se nomme *Maître*
« *de communauté, élu* à cette charge par les autres, lequel
« commande à tous les autres, va aux affaires qui se présentent
« ès villes ou ès foires, et ailleurs; a pouvoir d'obliger *ses par-*

______

(1) *Parsonnier*, ayant part dans la communauté à raison de la cohabitation et vie commune.

(2) Sans cela, et s'il eût fallu des actes écrits, « il n'y a maison de village » qui une fois en dix ans ne fût renversée et ruinée. » (G. Coquille, *question* 58 *sur les coutumes*.)

(3) G. Coquille, 58ᵉ *question sur les coutumes*, voyez ci-devant la définition des *bordelages* dans la note 2 de la page précédente.

« *sonniers* en choses mobilières qui concernent le fait de la
« communauté, et lui seul est nommé ès-rôles des tailles et sub-
« sides. Par ces argumens se peut cognoître que ces communautez
« sont vraies familles et collége qui, par considération de l'in-
« tellect, sont comme un corps, composé de plusieurs membres ;
« combien que les membres soient séparez l'un de l'autre ; mais
« par fraternité, amitié et liaison œconomique font un seul corps…
« En ces communautez on fait compte des enfans qui ne savent
« encore rien faire, pour espérance qu'on a qu'à l'avenir ils
« feront ; on fait compte de ceux qui sont en vigueur d'âge, pour
« ce qu'ils font ; on fait compte des vieux, et pour le conseil, et
« pour la souvenance qu'on a qu'ils ont bien fait. Et ainsi de tous
« âges et de toutes façons ils s'entretiennent, comme un corps
« politique, qui par subrogation doit durer toujours. Or, parce
« que la vraie et certaine ruine de ces maisons de village est
« quand elles se partagent et se séparent, par les anciennes lois
« de ce païs, tant ès-ménages et familles de gens serfs, qu'ès-
« ménages dont les héritages sont tenus à bordelage, a été
« constitué, pour les retenir en communauté, que ceux qui ne
« seroient en la communauté, ne succéderoient aux autres, et
« on ne leur succéderoit aussi. Les articles de la *servitude per-*
« *sonnelle* (1) déclarent plus politiquement cette communauté, à
« sçavoir *quand tous vivent d'un pain et d'un sel.* »

Maintenant, mon cher ami, que vous voilà aussi instruit que
moi *sur le point de droit*, je reprends mon récit.

Nous arrivâmes à Saint-Saulge, vers deux heures de l'après-
midi. Après quelques visites dans lesquelles nous recrutâmes
M. Lallier, maire de la ville ; le neveu de mon juge de paix,
docteur en médecine, et M. Simon de la Coudraye, un de ces
bons propriétaires qui font valoir eux-mêmes leur propre terre,
et savent en tripler les produits et mériter des prix dans les
comices agricoles de l'arrondissement, nous partîmes en caravane
pour nous rendre à la *Maison des Jault*, commune de Saint-
Benin-des-Bois.

Nous y arrivâmes sur les quatre heures, et nous eûmes un
instant la crainte de ne voir personne, parce que tous les mem-

---

(1) Au chap. 8 de la coutume.

bres de la communauté étaient allés au chef-lieu de la paroisse pour entendre les vêpres et le cantique de la Vierge (c'était le jour de l'Assomption) ; il n'était resté à la maison qu'une femme de garde.

Comme elle nous dit que *es autres* ne tarderaient pas à revenir, nous nous mîmes à visiter les lieux.

Le groupe d'édifices qui compose *les Jault* est situé sur un petit mamelon, à la tête d'une belle vallée de prés, bornée à l'horizon par des collines boisées, sur l'une desquelles au couchant se dessine l'église et le clocher de *Saint-Benin-des-Bois*. Il est même probable que plus anciennement il n'y avait en effet dans toute cette contrée que des bois en partie défrichés depuis.

La maison principale d'habitation n'a rien de remarquable au dehors. A l'intérieur, on trouve au rez-de-chaussée, en montant seulement deux marches, une vaste salle ayant à chaque bout une grande cheminée, dont le manteau comporte environ neuf pieds de développement (et ce n'est pas trop pour donner place à une si nombreuse famille). A côté de l'une de ces cheminées est l'ouverture d'un large four à cuire le pain ; et de l'autre côté, un tonneau à lessive en pierre, aussi ancien que la maison elle-même ; car il est incrusté dans la muraille, et a reçu le poli à force de servir. Tout auprès, dans un cabinet obscur, se trouve un puits peu profond, dont l'eau ne tarit jamais, et qui fournit abondamment aux usages de la maison.

La grand'chambre, dans toute sa longueur, est flanquée d'un corridor, dans lequel débouchent, par autant de portes, des chambres séparées, véritables cellules où chaque ménage a son domicile particulier.

Ces chambrettes sont tenues fort proprement : dans chacune il y a deux lits, quelquefois trois, suivant le nombre des enfans. Deux armoires en chêne, cirées avec soin, ou bien un coffre et une armoire, une table, deux siéges et fort peu d'ustensiles, composent tout le mobilier.

Nous visitâmes ensuite les bâtimens d'exploitation : ils sont assez spacieux, et je remarquai que, par une précaution dont il faut louer l'architecte, c'est-à-dire le maçon, les portes des écuries, au lieu d'être pratiquées selon l'usage, dans les gouttereaux, ont l'ouverture dans le pignon, ce qui, en cas d'incendie, permet d'extraire les bestiaux, sans craindre que les débris de la couverture, en s'écroulant, ferment les issues et obstruent le passage.

Cette visite domiciliaire était à peine terminée que nous entendîmes la voix de la gardienne prononcer ces mots : *les voici.*

C'était la famille, au nombre de trente-six, hommes, femmes et enfans, qui revenait du service divin, le maître de la communauté en tête.

Tous entrèrent pêle-mêle dans la grande salle. Le maître, qui se nommait Claude (Claude Le Jault), reconnut tout d'abord Simon de la Coudraye, auquel il vend et achète des bestiaux depuis bien des années, et M. Lallier qui, avant d'être maire, avait été notaire, et même le notaire de la communauté. Le médecin est celui qu'ils connaissaient le moins, car ils ont rarement des malades, et ils appellent plutôt le vétérinaire pour leurs bestiaux que le médecin pour eux-mêmes.

On leur dit mon nom; *c'est M. Dupin, député de notre arrondissement.* — « Ah ! dit le maître, j'ons ben souvent entendu parler « de li, et de monsieur son père, mais je ne l'ons jamais vu. »—Eh ! « bien, mes amis, leur dis-je, j'ai voulu venir vous visiter. Tout « ce que j'ai entendu dire de votre *communauté*, de son régime, « de votre manière d'être et de vous comporter, m'en a donné « l'envie. Je vous félicite, maître Claude, d'être à la tête d'une « si belle famille, et vous tous, mes enfans, de vivre ainsi tous « ensemble, et en bon accord ; mais je veux connaître à fond « votre manière de vous arranger, et je vais vous faire bien des « questions, si vous le permettez. »

Maître Claude dit qu'il y consentait, mais qu'il fallait d'abord s'asseoir *et boire un coup;* il commanda en même temps aux femmes de préparer le nécessaire.

Aussitôt une table fut dressée, couverte de gros linge, mais fort blanc, autant de couverts que nous étions d'étrangers, plus celui du maître ; et au milieu un fromage à la crème, des verres et du vin.

Nous refusâmes de nous mettre à table, mais je dis que je boirais volontiers de leur vin, et je *trinquai* avec maître Claude, en lui disant que c'était à la prospérité de la communauté et de tous ceux qui la composaient. Les hommes répondirent à ce toast en soulevant leurs chapeaux, et les femmes en faisant une révérence.

Après ces préliminaires, nous nous assîmes en cercle avec maître Claude, et tout le reste de l'assistance se répartit autour de nous, assis sur les bancs et sur les coffres, et nous observa en silence.

La conversation s'établit alors à fond sur l'existence et le régime de la *communauté des Jault ;* en voici le résultat :

L'existence de cette communauté date d'un temps immémorial. Les titres, que le maître garde dans *une arche* qui n'a pas été visitée par les brûleurs de 1793, remontent au-delà de l'an 1500, et ils parlent de la communauté, comme d'une chose *déjà ancienne* à cette époque. Claude alla nous chercher quelques-uns de ces vieux contrats, que nous eûmes grand'peine à déchiffrer ; et le notaire nous confirma tous ces faits.

Je demandai si la propriété qui avait servi de noyau à la communauté, était originairement un bien *seigneurial ?* — Claude soutint fièrement que non, et affirma que c'était un bien patrimonial, un bien *franc.* Je le crus volontiers, non toutefois sans penser qu'il était bien difficile et en tout cas bien remarquable, qu'un *franc-alleu* placé en des mains si faibles eût pu traverser les siècles sans éprouver aucune main-mise seigneuriale.

Quoi qu'il en soit, la possession de ce coin de terre s'était maintenue dans la famille *Lejault,* et avec le temps, elle s'était successivement accrue par le travail et l'économie de ses membres, au point de constituer, par la réunion de toutes les acquisitions, un domaine de la valeur de plus de deux cents mille francs, dans la main des possesseurs actuels ; et cela, malgré toutes les dots payées, comme je dirai bientôt, aux femmes qui avaient passé par mariage dans des familles étrangères.

Cette propriété, en effet, comprend aujourd'hui 105 bichets de terre à froment ; des prés rapportant 90 milliers de foin, 15 ouvrées de vignes. De plus les Jault possèdent, en indivis avec les autres habitans de Saint-Benin, 400 arpens de pâturages communs, et 300 arpens de bois, où ils prennent le bois à bâtir et leur chauffage.

Je voulus savoir comment et à l'aide de quels moyens on était parvenu à empêcher les morcellemens, les partages, et finalement la dissolution de la communauté. — Vous allez en être étonné, mon cher ami, c'est une constitution, une charte toute entière, accompagnée d'autant de précautions que certains législateurs de l'antiquité en prenaient pour conserver dans chaque famille les biens assignés par le partage primitif.

Dans l'origine, le maître naturel de la communauté fut le père de famille ; ensuite son fils, et cette hérédité naturelle se continua aussi long-temps que se maintint la ligne directe, et que l'on put distinguer un aîné doué de la capacité convenable.

Mais à mesure qu'en s'éloignant, la proximité de la parenté s'est affaiblie, au point de ne plus offrir que des collatéraux, on a *choisi* le plus capable parmi les hommes faits, pour diriger les affaires ; et la femme *la plus entendue* pour présider aux soins du ménage.

Du reste, le régime de cette maîtrise domestique est fort doux, et le commandement y est presque nul. — Chacun, nous dit le maître, connaît son ouvrage et le fait.

La principale charge du maître est de faire les affaires du dehors, d'acheter et vendre le bétail ; de faire les acquisitions au nom de la communauté, lorsqu'il y a convenance et deniers suffisans ; ce qu'il ne fait pas au reste sans prendre le conseil de ses *communs*, car, ainsi que l'a remarqué Guy Coquille (1) « eux » tous vivans d'un pain, couchans sous une couverture, et se » voyant tous les jours, le maître est mal avisé, ou trop superbe, » s'il ne communique et prend l'avis de ses *parsonniers* sur les » affaires importantes.»

Le fonds de la communauté se compose 1° des biens anciens, 2° des acquisitions faites pour le compte commun avec les économies, 3° des bestiaux de toute nature, 4° de la caisse commune, anciennement tenue par le maître seul, aujourd'hui déposée, par précaution, chez un notaire de la ville de Saint-Saulge.

Mais en outre chacun a son *pécule* composé de la dot de sa femme et des biens qu'il a recueillis de la succession de sa mère, ou qui lui sont advenus par don ou legs, ou par toute autre cause distincte de la raison sociale.

______

(1) Sur l'art. 5 du chap. 28 de la coutume.

La communauté ne compte parmi ses membres effectifs que les mâles. Eux seuls font tête (*caput*) dans la communauté.

Les filles et les femmes, tant qu'elles veulent y rester en travaillant, y sont nourries et entretenues tant en santé qu'en maladie ; mais elles ne font pas tête dans la communauté.

Lorsqu'elles se marient au dehors (ce qui arrive le plus ordinairement) la communauté les *dote* en argent comptant. Ces dots, qui étaient fort peu de chose dans l'origine, se sont élevées dans ces derniers temps jusqu'à la somme de 1,350 fr.

Moyennant ces dots une fois payées, elles n'ont plus rien à prétendre, ni elles ni leurs descendans, dans les biens de la communauté. Seulement, si elles deviennent veuves, elles peuvent revenir habiter la maison, et y vivre comme avant leur mariage.

Quant aux femmes du dehors qui épousent l'un des membres de la communauté, j'ai déjà dit que leurs dots ne s'y confondent pas, par le motif qu'on ne veut pas qu'elles y acquièrent un droit personnel. Ces dots constituent un pécule à part ; seulement elles sont tenues de verser dans la caisse de la communauté 200 fr. pour représenter la valeur du mobilier livré à leur usage. Si elles deviennent veuves, elles ont le droit de rester dans la communauté, et d'y vivre avec leurs enfans ; sinon, elles peuvent se retirer, et dans ce cas, on leur rend les 200 fr. qu'elles avaient originairement versés.

Tout homme, membre de la communauté, qui meurt *non marié*, ne transmet *rien à personne*. C'est une tête de moins dans la communauté qui demeure aux autres en entier, non à titre de succession de la part qu'y avait le défunt, mais ils conservent le tout par droit de non-décroissement, *jure non decrescendi* ; c'est là la condition originaire et fondamentale de l'association.

S'il a été marié et qu'il laisse des enfans ; ou ce sont des garçons, et ils deviennent membres de la communauté, où chacun d'eux fait une tête, non à titre héréditaire (car le père ne leur a rien transmis) mais *jure proprio*, par le seul fait qu'ils sont nés dans la communauté, et à son profit.

Si ce sont des filles, elles ont droit à une dot ; elles recueillent en outre et partagent avec les garçons le *pécule* de leur père s'il en avait un ; mais elles ne peuvent rien prétendre de son chef dans les biens de la communauté, parce que leur père n'était pas commun, avec droit de transmettre une part quelconque à des femmes qui la porteraient au dehors dans des familles étrangères ; mais il était membre de la communauté, à condition d'y vivre, d'y travailler, et de n'avoir pour héritier que la communauté elle-même.

On voit par là quel est le caractère propre et distinctif de ces *anciennes communautés nivernaises*. Il n'en est pas comme des sociétés conventionnelles ordinaires, où la mort de l'un des associés emporte la dissolution de la société, parce qu'on y fait en général choix de l'industrie et capacité des personnes. Les anciennes communautés nivernaises ont un autre caractère : elles constituent une espèce de corps, de collége (*corpus*, *collegium*), une personne civile, comme un couvent, une bourgade, une petite cité, qui se'continue et se perpétue par la substitution des personnes, sans qu'il en résulte d'altération dans l'existence même de la corporation, dans sa manière d'être, dans le gouvernement des choses qui lui appartiennent. Et, en effet, quand elles ont long-temps duré, et surtout comme celle-ci pendant plusieurs siècles, où est la mise de chacun ? qui représente-t-on ? Tous sont parens, mais à quel degré ? Tout cela serait impossible à définir et à démêler ; tout ce qu'on sait, c'est qu'on est en communauté. On peut y vivre ; on peut en sortir ; mais en la quittant, on n'a pas le droit de la rompre, ni de rien emporter : c'est le citoyen qui s'exile en sortant de la cité.

On s'étonne qu'un régime si extraordinaire, si exorbitant du droit commun actuel, ait pu résister aux lois de 1789 et 1790, à celle de l'an II sur les successions, et à l'esprit de partage égalitaire, poussé jusqu'au dernier degré de morcellement. Et cependant telle est la force des mœurs quand elles sont bonnes, que cette association s'est maintenue par l'esprit de famille et la seule force des traditions, malgré toutes les suggestions des praticiens amoureux de partages et de licitations.

Je ne puis résister au désir de rapporter ici le texte même d'un des contrats de mariage de cette honnête famille, tant il m'a paru conçu en termes simples et naïfs, qui expriment bien la moralité de cette institution, et l'esprit dans lequel elle s'est perpétuée et maintenue (1) :

____

(1) La clause qu'on va lire est extraite du contrat de mariage de Paul

« Convenu entre les futurs et les autres parties comparantes,
« que, si ledit futur décède le premier, ladite Étiennette Peuvot,
« sa femme, sera libre de rester avec ses enfans dans ladite
« communauté générale, et d'y vivre avec les autres communs,
« en travaillant avec eux, et si elle vient à se remarier, les enfans
« qu'elle aura continueront leur demeure avec les autres com-
« muns en ladite communauté, et alors il sera restitué à ladite
« Peuvot la somme de deux cents livres, qui est la même que
« celle qu'elle y a conférée, dont elle sera tenue se contenter ;
« cette liberté lui étant accordée pour maintenir la paix et l'union
« qui a toujours existé en la susdite *communauté des Lejault*,
« pour en éviter la division, que les susdites parties ne veulent
« point faire dans la suite, attendu que leur susdite communauté
« subsiste depuis environ *cinq cents ans*, et que leur intention est
« de continuer en paix et union, pendant leur vie, ce qui leur
« a été expressément recommandé par leurs auteurs, dont ils
« respectent la mémoire. En conséquence, lesdits Étienne et
« François Lejault, maîtres de la susdite communauté, déclarent
« que leur intention, pour en maintenir la continuation, est
« qu'après le décès de ladite Jeanne Lejault, mère dudit futur,
« il soit payé à Jeanne, Hélène, Marie et Françoise Lejault, ses
« filles, chacune une somme de quatre cents livres, pour leur
« tenir lieu des réclamations qu'elles seraient fondées à faire dans
« la susdite communauté générale, et ce pour en opérer la con-
« tinuation entre tous les autres personniers toujours en paix et
« union. »

Plus tard et par l'effet de mauvais conseils, les enfans de
Jeanne Lejault ont voulu, du chef de leur mère, élever des pré-
tentions sur le corps même de la communauté, et en provoquer
le partage ; mais la cour d'appel de Bourges, par un sage arrêt
du 6 mars 1832, a maintenu les stipulations du contrat de mariage et les conventions transactionnelles faites entre les parties,
et a rejeté la demande en partage.

Ce mode d'association en famille, si utile aux intérêts communs,
est également utile aux individus ; non seulement les robustes y
vivent à l'aise, mais dans cette grande maison commune, les

Lejault avec Étiennette Peuvot, passé devant Me François Louveau, notaire à
Saint-Saulge, le 26 frimaire an 2.

petits, les infirmes, les vieux, tous y voient leur présent et leur avenir assuré.

Si la conscription vient atteindre quelque membre de la communauté, elle fournit jusqu'à concurrence de 2,000 fr. pour acheter un remplaçant. En cas d'insuffisance, le surplus devrait se prendre sur le pécule du conscrit.

Quant à la probité, il est sans exemple qu'un seul membre de cette communauté ait été condamné pour un délit. Ce fait m'a été confirmé par toutes les personnes que j'ai pu interroger.

Les mœurs y sont pures; une seule fois il est arrivé qu'une de leurs filles se soit laissé séduire; mais le scandale a été aussitôt réparé par le mariage, qui avait servi de prétexte à la séduction.

Cette famille est très-charitable. Nous le savions et nous en eûmes la preuve sous nos yeux. Pendant que nous causions de tout ce que je viens de vous raconter, à l'un des bouts de la salle, deux pauvres, assis près de la cheminée qui était à l'autre extrémité, tenaient sur leurs genoux chacun une écuelle de soupe qu'ils mangeaient fort tranquillement.

Aucun pauvre ne passe sans trouver ainsi la soupe ou le pain. —Aussi, suivant l'expression du maître, *le pain va vite dans la maison.* Le nombre des membres n'est que de 36, grands et petits; et l'on consomme par semaine 9 bichets de grains; ce qui à raison de 3 doubles décalitres et 10 livres par bichet, fait 450 kilogrammes ou 900 livres de grain par semaine, c'est-à-dire à peu près 130 livres par jour.

Tous les communs vivent ainsi, suivant la loi de leur association, *au même pain, pot et sel.* Quant aux vêtemens, le maître distribue à chaque ménage, en raison du nombre et de l'âge des individus qui la composent, le chanvre et la laine.

L'état sanitaire de cette famille est parfait. Les hommes y sont grands et forts, les femmes robustes, quelques-unes assez bien. — Leur mise est propre et ne manque pas d'élégance : le jour de l'Assomption était favorable pour en juger.

A tout prendre, ces braves gens sont heureux, et en nous séparant, je leur exprimai ma satisfaction de les avoir visités; et mon désir de les voir se maintenir ensemble « selon qu'il leur avait » été recommandé par leurs auteurs. »

Dans la suite de mon voyage, j'ai vu la contre-partie. Après avoir pénétré par Decise et Fours jusqu'à Luzy, je suis revenu par la montagne Saint-Honoré, les bains romains, et par la commune de *Préporché*, non loin de *Villapourçon* (pays des porcs). Dans cette commune existait jadis un grand nombre de communautés (1); la plus célèbre, celle qui a subsisté la dernière, était celle des *Gariots*.

Le siège de cette communauté se trouve sur une petite butte, entourée d'un ravin qui en rend l'accès assez difficile. Ce pays est aussi pauvre que celui de Saint-Benin est fertile. On n'y récolte que du seigle, du sarrasin, et (depuis 30 à 40 ans seulement) des pommes de terre.

Cette communauté cependant vivait et nourrissait tous ses membres. Depuis la révolution, on a voulu partager. Dans le nombre des *parsonniers* quelques-uns ont prospéré, et sont assez à l'aise, mais d'autres sont tombés dans un état fort misérable. Le dernier maître, qui réside actuellement à Préporché, a emporté chez lui, comme un trophée, *le Grand-Pot* de la communauté. Les autres restent groupés sur le mamelon des Gariots. Les grandes chambres ont été divisées. La grande cheminée est partagée en deux par un mur de refend. Les habitations sont chétives, mal propres; les habitans, un peu sauvages, se montrèrent inquiets et presqu'effrayés à notre aspect. A peine s'ils voulaient ou pouvaient répondre à nos questions. A notre départ ils nous suivaient des yeux, comme on suit l'ennemi qui opère sa retraite, en se glissant derrière leurs maisons.

A Jault, c'était l'aise, la gaîté, la santé. Aux Gariots, c'était la misère, la tristesse et la pauvreté. (2)

Est-ce donc à dire que les habitans de la campagne devraient reprendre ou continuer le régime des communautés? — Certes, je ne méconnais pas, pour la Nièvre surtout, l'avantage de la divi-

---

(1) Voyez la carte de cette partie du Nivernais; presque tous les villages sont d'anciens noms des familles qui les ont fondés.

(2) Tant est vrai ce qu'a dit Tacite : « que les petites affaires prospèrent » par le bon accord de ceux qui les font; tandis que les plus grandes dépérissent quand la discorde s'en mêle. *Concordiâ parvæ res crescunt, discordiâ maximæ citò dilabuntur*.

sion des propriétés, le bien-être qui résulte pour chacun d'avoir sa maison, son jardin, son pré, son champ, son *ouche;* tout cela bien cultivé, bien soigné.

Mais l'association bien conduite a aussi ses avantages; j'en ai signalé les heureux effets; et là où elle existe encore avec de bons résultats, je fais des vœux pour qu'elle se maintienne et se perpétue.

Je crois surtout que pour l'exploitation des fermes, il serait fort utile aux paysans de rester ensemble. Une nombreuse famille suffit par elle-même à l'exploitation; trop faible, il faut y suppléer par des valets, et ces mercenaires qu'il faut payer fort cher, emportent le plus net du produit, et n'ont jamais, pour la culture et le soin du bétail, la même attention que les maîtres de la maison. Ajoutez que les enfans restant avec leurs père et mère, reçoivent tout à la fois les exemples et les leçons de leurs parens; séparés d'eux, mis en service trop jeunes, la corruption s'en empare, et bien souvent la misère les atteint.

D'un autre côté, le fait des partages exercés trop souvent, et poussés trop loin, opère un morcellement tel, que les enfans du même père ne peuvent plus se loger dans les bâtimens, et que les morceaux de terre, devenus trop petits, se prêtent mal à la culture.

C'était pour obvier à cet inconvénient, que l'esprit de famille avait fait introduire dans le Nivernais un autre usage que nos Codes n'admettent plus, mais qui se maintient encore dans quelques cantons par la force des mœurs et de l'habitude; ce sont *les mariages par échange.*

Coquille décrit ainsi ces sortes de mariages : « Gens francs « peuvent marier leurs enfans *par échange*, et les enfans échangés « ont pareils droits en la maison où ils vivent, quant aux biens « jà acquis comme [avoient ceux au lieu desquels ils vien- « nent (1). »

A ce moyen, les patrimoines des deux familles ne sont point divisés; la femme n'apporte point la moitié de la fortune de son père à un mari qui réciproquement n'aura que la moitié de celle de ses parens. On ne change que fille contre garçon. Un mariage

---

(1) Institution au droit français, *Des successions et hérédités*, page 101.

de cette espèce a été contracté, l'an dernier, dans la commune de Gacogne, dont vous savez que je suis maire, et j'y ai fort applaudi.

En tout cela, mon cher ami, vous pensez bien qu'il ne s'agit ni de rappeler les anciennes coutumes, ni de les faire prévaloir sur les mœurs nouvelles ou les idées actuelles ; le changement est général, il est à peu près universel ; mais plus les restes de ces anciennes mœurs sont rares, plus il m'a paru curieux d'en recueillir et d'en constater les derniers vestiges. Il y a de bien bonnes choses dans ce qui est nouveau, mais il y en avait aussi dans ce qui est ancien.

Les Jault ne sont qu'à dix lieues de Raffigny ; et, si vous y revenez quelque jour, nous irons ensemble savoir des nouvelles de la communauté.

Recevez, mon cher Étienne, la nouvelle assurance de ma vieille et constante amitié.

DUPIN,
Député de la Nièvre.

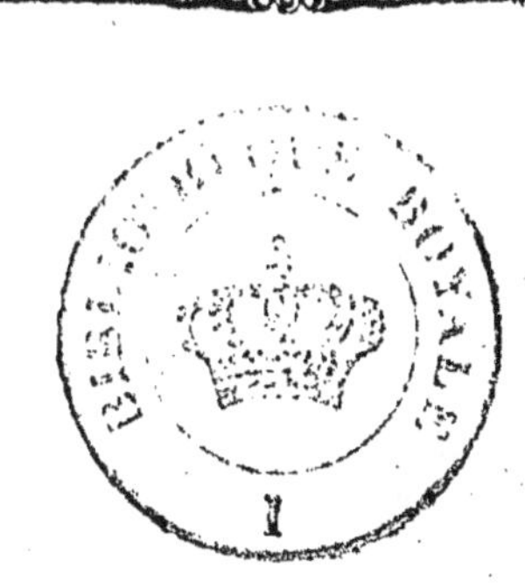

PARIS. — COSSON, IMPRIMEUR DE L'ACADÉMIE ROYALE DE MÉDECINE, Rue Saint-Germain-des-Prés, 9.